让孩子

赢在习惯

余襄子 著

北方妇女儿童出版社
·长春·

图书在版编目（CIP）数据

让孩子赢在习惯 / 余襄子著. -- 长春 : 北方妇女

儿童出版社, 2024. 9. -- ISBN 978-7-5585-8801-3

Ⅰ. B842.6-49

中国国家版本馆CIP数据核字第2024NG4420号

让孩子赢在习惯
RANG HAIZI YING ZAI XIGUAN

出 版 人	师晓晖	
责任编辑	姜晓坤	
装帧设计	韩海静	
开　　本	710×1000　1/16	
印　　张	8	
字　　数	94千字	
版　　次	2024年9月第1版	
印　　次	2024年9月第1次印刷	
印　　刷	三河市南阳印刷有限公司	
出　　版	北方妇女儿童出版社	
发　　行	北方妇女儿童出版社	
地　　址	长春市福祉大路5788号	
电　　话	总编办：0431-81629600	
定　　价	59.00元	

前言

　　在这本书中，我们将一起来探索一个神奇的世界：习惯。你可能会问，习惯有什么神奇的呢？让我来告诉你吧！习惯就像是我们生活中的小精灵，它默默地影响着我们每一天的生活。好的习惯可以让我们变得更加聪明、更加快乐，而不好的习惯则会成为我们前进道路上的绊脚石。

　　想象一下，如果你有一个超级英雄朋友，他能够帮你打败那些坏习惯，让你每天都充满活力和正能量，那是多么酷的事情啊！《让孩子赢在习惯》就是这样一位朋友，它会教你如何培养好习惯。

　　在这本书里，我希望通过一系列有趣的故事来引导大家发现习惯的力量，并提供实用的方法和策略，帮助大家识别、培养并坚持那些能够带来积极变化的好习惯。从早睡早起、健康饮食到持续学习、有效管理时间，我将一一解析这些习惯背后的科学原理，并分享如何将它们融入我们的日常生活之中。

　　在这个过程中，我们将遇见不同的故事和例子，它们来自不同年龄、不同背景的人们，但他们都有一个共同点——通过培养好习惯，生活发生了可喜的变化。这些故事启发我们，让我们相信改变是可能的，成功是可以实现的。

在阅读本书的过程中，我鼓励你带着开放的心态，接受新的理念，尝试新的方法。因为每个人的生活都是独一无二的，所以在实践这些习惯时，你可能会发现适合自己的独特方法。

记住，每一个好习惯的培养，都像是在你的生命宝库里存入了一颗宝石，随着时间的推移，这些宝石会发出越来越耀眼的光芒。所以，让我们一起翻开这本书的第一页，开始我们的奇妙之旅吧！

最后，我想对你说：无论你现在几岁，无论你在哪里，只要你愿意，都可以成为好习惯的大师。《让孩子赢在习惯》将是你最好的伙伴，帮助你一步一个脚印，走向更加辉煌的未来。

那么，准备好了吗？让我们启程吧！

目录

习惯是什么

美好生活　灿烂阳光

为人处世　品德兼修

身体健康　精神满满

善于学习　事半功倍

习惯是什么

习惯，就像是我们生活中的小帮手，它是由我们每天做的事情一点点积累起来的。就像我们的玩具一样，习惯了的东西会一直陪在我们身边，不管我们去哪里，做什么，它都会跟着我们。

习惯的力量

习惯是什么？

习惯是通过反复的行为和思维模式在大脑中形成的稳定。当我们重复某种行为或思维时，大脑中的神经元会形成特定的通路，这些通路会随着重复的次数增加而变得更加稳固。这种稳固的神经使得习惯行为在大脑中变得自动化，减少对意识控制的需求。

这么一说你肯定很迷糊，对不对？

其实，习惯就是我们日常的语言与行为，那些使我们"下意识"的行为。它就像空气一样无时无刻不围绕着我们，但我们很多时候并不会意识到它的存在。

每个人都有自己独特的东西，比如指纹、身份证号码与样貌等，这些都是区分一个人的标志，而习惯在很多时候也是一个人的独特标签。

那么习惯重要吗？

当然重要，因为它像空气。没有了空气，我们会死亡。不要以为习惯是一个看似微不足道的小东西，它拥有着改变人生轨迹的巨大力量。它悄无声息地影响着我们的思维方式、行为模式，甚至决定了我们的未来走向。

习惯就像空气一样，一直伴随着我们.

但习惯也分为好习惯与坏习惯，那些能够让我们的未来更加璀璨的是好习惯，而那些将我们引入人生深渊的是坏习惯。

一个人的成功与否，其实都和习惯有关，正所谓"成也习惯，败也习惯"。

习惯小故事

小华与小刚是同学，也是一对好朋友。小华有一个特别的习惯，那就是每天早晨起床后，都会先整理床铺，然后去刷牙洗脸。这个习惯是小华的妈妈教给她的，她告诉小华："好习惯就像早晨的阳光，能照亮你的一天。"

一天早晨，小华醒来后，发现窗外的鸟儿唱着欢快的歌，她忍不住想要立刻跑到外面去玩耍。但是，她想起了妈妈的话。她迅速整理好床铺，然后去卫生间刷牙洗脸。虽然心里有点儿急切，但她还是坚持完成了这些日常小任务。

当小华走出家门，呼吸着新鲜的空气，看着明媚的阳光时，她感到无比清爽和快乐。她意识到，正是这些看似微不足道的习惯，让她的一天有了美好的开始。

小刚却没有这样的好习惯。他总是喜欢赖床，起床后也不整理床铺，常常因为找不到东西而迟到。小刚看到小华每天都能准时到学校，而且精神饱满，他非常羡慕小华。

有一天，小刚问小华："你是怎么做到每天都这么有精神的？"小华笑着回答道："因为我有好习惯哪，它让我的生活井井有条。"小刚听了，决定也要开始培养自己的好习惯。

从那天起，小刚开始向小华学习，每天早晨起床后，他也开始整理床铺，刷牙洗脸。虽然一开始有点儿不习惯，但慢慢地，这些行为变得自然起来。小刚发现，自己的生活变得更加有序，他也变得更加快乐和自信。

好习惯的养成需要时间和耐心，它能带给我们积极的影响。就像小华和小刚一样，通过培养好习惯，他们不仅提高了自己的日常生活质量，还学会了自律和自我管理，这些都是帮助他们健康成长的重要品质。

好习惯小贴士

1. 增强自律

好习惯帮助我们建立自律，让我们能够更好地管理自己的行为。

还有5分钟.

2. 提高效率

通过养成良好的时间管理观念和学习习惯，我们可以更高效地完成任务。

3. 改善健康

规律锻炼、健康饮食等习惯有助于维持身体健康，预防疾病。

有一种进步叫迭代

进步就是今天的自己比昨天强，明天的自己比今天强。

爸爸，怎样才算进步呢？

进步才能使我们快速成长起来，进步才能让我们变得越来越有智慧。但是，你知道吗？进步是有"捷径"可以走的。

客观上来讲，无论一个人自身如何，他每天都在成长，只是这种成长极其缓慢，是一种被动的成长。但是有些人却能快速成长，给人一种"士

别三日，当刮目相看”的感觉。这种快速成长就是一种“捷径”，是主动成长，是一种迭代。就像你平时用的手机一样，如果你去看看十年前的手机，你会发现手机的变化日新月异。现在的手机，无论从外观还是功能上来讲，都比十年前的手机强大了许多。这是因为工程师们在生产手机的时候不断对其进行优化，这种优化也就是迭代。

就像滚雪球一样，刚开始可能只滚出一小块儿，但随着它不断向前，会越滚越大，最后变成一个庞然大物。

其实人也可以让自己不断优化——养成好习惯就是我们不断优化自身的最有效办法。

当我们坚持这些好习惯时，就能够在不知不觉中实现自我提升和进步。

因此，我们应该珍惜每一个可以养成好习惯的机会，让它成为我们通往成功的坚实基石。

那么问题来了，你可能会有疑惑，到底什么才是好习惯呢？

别急，我们会在第二章开始，一个一个告诉你。它们就像是武林世界的秘籍一样，掌握得越多，你也就越厉害。

　　小明是一个好奇心旺盛、充满想象力的孩子，但他总是觉得自己进步得不够快，想要变得更聪明，更优秀。

　　一天，小明在公园里散步时，看到了一群小鸟在天空中自由飞翔。他想，如果自己也能像小鸟一样，快速地学会新技能，那该多好哇。这时，一只聪明的老猫走了过来，它告诉小明一个秘密："进步是有捷径的。"

　　老猫说："小明，你知道吗？就像手机一样，它们之所以能够不断进步，是因为工程师们不断地对它们进行优化和迭代。同样，你也可以通过不断优化自己养成好习惯，实现自我的快速成长。"

　　老猫微笑着接着说："首先，你要有积极的生活态度，相信自己能够不断进步。然后，要学会管理时间，合理安排每一天的活动，这样你的学习效率就会提高。最后，要坚持每天学习新知识，不断挑战自己。这样，你

就会像手机一样，不断迭代，变得更聪明。"

　　小明听了老猫的话，决定按照它的建议去做。他开始早起，按时吃早餐，然后再去学校。在学校，他认真听讲，积极参与课堂讨论。放学后，他会安排一些时间来阅读书籍，学习新知识。晚上，他还会和家人一起做家务，培养自己的责任感。

　　慢慢地，小明发现自己不仅学习进步了，而且变得更加独立和有责任感。他的好习惯让他的生活变得更加有序，也让他变得更加自信。

好习惯小贴士

1. 健康的生活方式

　　保持良好的身体状况和心理状态，为持续进步提供基础。

2. 健康的生活方式

　　保持良好的身体素质和心理状态，为持续进步提供基础。

该学习啦!

3. 管理时间和资源

　　有效管理时间，确保有足够的时间用于学习和成长。

改变从习惯开始

你怎么了？是不开心吗？

我想要改变自己，可不知道该从何做起。

你是否想变成一个很厉害的人呢？

你是否也想变得比现在的自己更强呢？

也许你会觉得，这也太难了吧！改变自己是多么不容易的一件事呀。

其实，改变很容易，只要你愿意。当然，只有强烈的意愿是不够的，你还需要有好的方式方法，也就是好的工具。

好的习惯，就是改变自己最趁手的工具。

习惯是日常生活中不断重复的行为模式，它们逐渐塑造了我们的生活方式和思维模式。如果我们想要在生活或学习中取得进步，就必须识别并调整那些不再适应当前需求的习惯。

比如，我们发现自己经常做事情拖延，那么就需要培养自己立即行动的习惯。这可以通过设定明确的目标、制订详细的计划，并坚持每天执行来实现。一旦这种新的习惯形成，我们会发现效率大幅提升，学习和生活的质量也随之提高。

同样，如果想要改善健康状况，就需要从日常饮食和锻炼的习惯入手。逐渐减少高热量食物的摄入，增加新鲜蔬果的比例，同时定期进行有氧运动和力量训练，这些健康的生活习惯将为我们带来更好的体能和精神状态。

总之，改变是一个逐步的过程，而习惯作为这一过程中的关键因素，它们的改变可以引发连锁反应，影响到我们的方方面面。

习惯小故事

从前有一只毛茸茸的小兔子叫豆豆，它活泼可爱，但总是喜欢拖延。每当妈妈叫它帮忙做家务或者让它做作业时，豆豆总是说："等会儿，我再玩一会儿就去做。"结果，豆豆的房间总是乱七八糟，作业也经常拖到最后一刻才匆忙完成。

一天，一只聪慧的老乌龟听说了豆豆的情况，决定给它一些建议。老乌龟慢慢地走到豆豆的家，对它说："豆豆，你知道吗？改变其实很容易，只要你愿意，并且找到正确的方法。"

豆豆好奇地问："乌龟先生，那我应该怎么做呢？"

乌龟先生笑着回答道："首先，你要有改变的决心。然后，你需要培养一些好习惯。比如，你可以每天起床后立即整理床铺，这样你的房间就会保持整洁。做作业时，你可以先制订一个计划，然后按计划逐步完成。"

豆豆听了乌龟先生的话，决定试一试。第二天，它一起床就立刻整理床铺，然后制订了一个做作业的计划。它发现，当自己按照计划行动时，不仅房间变得整洁了，而且作业也完成得又快又好。

随着时间的推移，豆豆的改变影响了它生活中的方方面面。它的学习成绩提高了，身体也变得更加强壮。更重要的是，它学会了如何通过培养

好习惯来改变自己。

　　学校里的其他小伙伴们看到了豆豆的变化，也纷纷向乌龟先生请教如何改变自己的习惯。乌龟先生总是微笑着告诉它们："改变是一个循序渐进的过程，而好习惯是实现改变的关键。"

好习惯小贴士

1. 早起

设定固定的起床时间，逐渐调整生物钟。

2. 健康饮食

学习营养知识，计划健康饮食，逐渐减少不健康食品的摄入。

3. 阅读

每天安排固定时间阅读，可以从简短的书籍或文章开始。

习惯为什么那么重要

也许你会觉得，习惯真的有这么重要吗？

当然重要，而且它的重要性甚至足以影响你的一生。

习惯是行为的基石。我们的日常行为很大程度上是由习惯所决定的。一旦某个行为形成习惯，它就会变得自动化，减少我们需要做出有意识决策的次数，形成肌肉记忆。这不仅可以节省我们的精力，还能让我们更加高效地完成日常任务。

想一想，你会走路吗？你觉得走路很难吗？你走路的时候是先迈左脚还是右脚呢？

其实，在你刚开始学走路的时候，你走得并不稳，并且经常摔倒。不信的话，你可以问一下你的爸爸妈妈。但是你现在觉得走路不难，其实是因为你已经将这个行为养成了习惯，而且习惯的力量是潜移默化的，是不需要你额外再进行思考的，就像走路的时候，也没有意识到是左脚先出还是右脚先出，因为这已经成了你的肌肉记忆。

习惯小故事

一天，小强的妈妈给了他一双新鞋子并告诉他："小强，这双鞋子很特别，如果你能记得系鞋带，它们就会带你去一个神奇的地方。"

小强兴奋极了，他立刻穿上新鞋子，但忘记了系鞋带，这是他的老毛病了。他跑来跑去，跳来跳去，不久就摔倒了，擦破了膝盖上的皮。

小强的妈妈看到了，温柔地对他说："小强，你知道吗？习惯是我们行为的基石。就像你走路一样，当你还是个小宝宝的时候，走路对你来说很难，但慢慢地，你习惯了走路时的平衡感和动感，形成了肌肉记忆，现在走路对你来说就像呼吸一样自然。"

小强仔细琢磨了一下，突然恍然大悟，说："妈妈，我明白了。走路对我来说不难，是因为我已经习惯了。我也要养成系鞋带的习惯，这样我就不会因为它而摔倒了。"

从那天起，小强开始努力养成系鞋带的习惯。每次穿鞋时，他都会提醒自己："记得系鞋带，这样我就可以走得更稳。"起初，他每次都需要提醒自己，或是爸爸妈妈提醒他，但渐渐地，系鞋带变成了他的肌肉记忆，他不再需要刻意去想。

一个月后，小强已经完全习惯了系鞋带。有一天回到家，他告诉妈妈他今天在学校踢足球踢进了好几个，并感谢妈妈教会他养成好习惯的重要性。从那以后，小强不仅记得系鞋带，还开始养成其他好习惯，比如整理房间、按时完成作业等。

你看，习惯的力量是巨大的，有些习惯甚至可以影响我们的一生。通过培养好习惯，我们可以让生活变得更加有序和美好。

别忘了系鞋带。

好习惯小贴士

1. 自动化行为

习惯是我们日常生活中自动化的行为模式，它减少了我们做决策时的精力消耗。

2. 情绪稳定

良好的习惯有助于维持情绪稳定，减少焦虑和压力。

我相信我可以完成的!

3. 自我效能感

坚持好习惯可以增强我们的自我效能感，即相信自己能够完成某项任务。

改变习惯很难吗

唉，我好难改变坏习惯!

其实，改变习惯的第一步是你先得有这个意愿。

也许，你已经养成了一些习惯，但有些习惯是不好的。你想改变这些坏习惯，但不知道能不能改变，也不知道难不难改变。

我们需要明白，我们的习惯是在日常生活中逐渐形成的，它在我们的大脑中已经建立了稳固的神经连接。因此，要改变一个习惯，就意味着需要重新建立新的神经连接。

改变习惯并非易事，它需要我们有坚定的决心和毅力，以及正确的方法和策略。首先，我们需要认识到自己的坏习惯，并明确自己想要改变的原因，这有助于我们保持动力和目标的清晰性。

我们的大脑神经元就像这样。

接下来，我们可以采取一些具体行动来改变习惯。例如，我们可以设定小目标，逐步将不良习惯替换为好习惯。我们需要寻找替代行为，以取代原来的坏习惯。也可以寻求他人的支持和监督，帮助我们坚持下去。

此外，我们还可以借助一些工具和技巧来改变习惯。例如，我们可以使用闹钟来提醒自己坚持新的习惯。我们还可以使用奖励机制来激励自己，当我们达到一定的目标时，可以给予自己一些小奖励。

最重要的是，我们要有耐心和毅力。改变习惯是一个循序渐进的过程，不会一蹴而就。我们可能会遇到挫折和困难，但只要坚持不懈，相信自己能够改变，最终就会看到积极的结果。

所以，各位小朋友们，请加油哟！用好的习惯替换掉原先不好的习惯，用习惯来改变习惯。

好习惯小贴士

1. 识别坏习惯

首先，明确你想要改变的坏习惯有哪些。

2. 了解成因

探究坏习惯形成的原因，了解其背后的心理和情感原因。

让我先想想哪些才是坏习惯。

我要用好习惯替换掉坏习惯。

好习惯

3. 设定目标

设定一个清晰的目标，用好习惯替代坏习惯。

自信的人最可爱

　　养成好习惯，对于我们来说，是塑造自信和健康人格的重要基石。当我们培养起一系列积极的日常行为模式时，不仅能够提升自我管理能力，还能在内心深处孕育出一股坚定的信念。

　　首先，好习惯的养成能够让我们在日常生活中更加得心应手。例如，定时作息的习惯能够帮助我们保持充沛的精力，专注于学习和生活；整洁有序的生活习惯则能让我们在一个清新的环境中成长，减少因杂乱无章带来的焦虑和压力。这些看似简单的日常行为，实则在潜移默化中增强了我自信的人最可爱!

们的自我控制力，使我们在面对挑战时更加从容。

其次，好习惯还能够促进我们社交能力的提升。当我们拥有了礼貌待人、诚实守信等良好品质时，我们更容易获得同伴的喜爱和信任，从而建立起积极的人际关系。这种正面的互动不仅能够增强我们的归属感，还能在实践中不断提高解决问题和协调关系的能力，这对于自信心的培养至关重要。

最后，坚持好习惯的过程本身也是一种自我肯定的过程。每当我们成功坚持了一个好习惯，无论是独立整理玩具还是独立完成作业，都会从中体会到成就感和自豪感。这些积极的情感体验如阳光般温暖我们的心田，让我们相信自己有能力做得更好，从而在未来的挑战中展现出更多的勇气和毅力。

总之，养成好习惯可以让我们在面对他人或面对困难时更加自信。这样的自己，真的很酷。

习惯小故事

小阳是个有些内向的孩子，他总是羡慕那些在课堂上积极发言、在操场上勇敢奔跑的同学，希望自己也能变得更加自信，但他不知道从何做起。

一天，老师在班会上讲述了关于好习惯的重要性："同学们，好习惯就像我们生活中的小助手，可以帮助我们成长，让我们变得更加自信。"

小阳被老师的话深深触动，决定要尝试养成一些好习惯。他首先选择了两个目标：一是每天阅读，二是每天运动。

　　起初，小阳觉得坚持阅读和运动有些困难，尤其是当他想要偷懒或者玩耍时。但他没有放弃，慢慢地，这些活动变成了他生活的一部分。

　　通过每天阅读，小阳学到了很多新知识，他的词汇量增加了，思维也变得更加敏捷。他开始在课堂上举手发言，和同学们分享他的想法和见解。每当他的回答得到老师的表扬和同学们的认可时，他都会感到一种前所未有的成就感。

　　每天的运动也让小阳变得更加健康和有活力。他发现自己跑得更快，跳得更远，甚至在体育课上能够带领同学们赢得比赛。身体素质的提高，也让他在游戏中更加自信和勇敢。

几个月后，小阳的变化让他的家人和朋友们都感到惊讶。他不再是那个害羞的小男孩儿，而是一个自信、勇敢、充满阳光的少年。

妈妈说："小阳，看到你现在的自信和进步，我真的为你感到骄傲。你的好习惯不仅改变了你，也激励了我们。"

好习惯小贴士

1. 提高适应能力

自信的人在面对变化和新环境时能更快适应。

我有很强的适应能力。

2. 增强自我效能感

相信自己能够完成某项任务或达成某个目标，从而提高实现目标的可能性。

没关系，再来一次。

3. 激发创造力

自信可以鼓励人们尝试创新，不害怕失败。

美好生活
灿烂阳光

　　有些好的习惯可以帮助我们过上更美好的生活，比如，早睡早起、做家务、睡前刷牙、节约资源、遵守规则和培养财务意识。这些好习惯不仅能帮助我们建立一套健康且舒适的生活方式，还能让我们从小就培养出正确的三观。

早睡早起才有好精力

不知你有没有过这样的经历？

拿着手机玩了很久，发现手里有些热，仔细一瞧，其实是手机发烫了。

当你长时间玩手机，手机的电量会逐渐减少，直至最后没电关机。这个时候，就需要给手机插上充电线或充电宝。

其实，我们人也一样，如果每天都忙碌着，就像手机一样一直在运行，很快就会将电量耗尽。电量之于手机，就像精力之于我们。

手机需要充电来补充电量，我们需要睡眠来补充精力。如果一个人经常熬夜，那么他的睡眠质量就会变得很低，也就没有多余的精力了，这会对生活造成严重的影响。

此外，充足的睡眠也会提升我们的免疫力。当免疫力下降的时候，病毒与细菌就会更容易缠上我们，导致生病。生病的滋味很不好受吧，流鼻涕、咳嗽、发烧……这对身体来说无异于一场折磨。

因此，早睡早起就是我们要养成的第一个好习惯，它能让我们每天都精力充沛，尽情在阳光下奔跑。

习惯小故事

小亮似乎天生就是一个夜猫子，因为他总是喜欢晚睡。一天晚上，小亮在房间里玩他的玩具，直到很晚。妈妈来叫他睡觉，小亮却说："妈妈，我还不困呢，让我再玩一会儿吧。"妈妈看着小亮，笑着说："小亮，你知道吗？我们的身体就像一盏油灯，如果一直燃烧，油就会慢慢耗尽，我们需要休息来补充精力。"

小亮好奇地问："妈妈，那我们怎么补充精力呢？"

妈妈耐心地解释说："就像油灯需要添油一样，我们需要通过睡眠来补充精力。如果我们总是熬夜，不按时睡觉，那么我们第二天就会没有足够的精力去生活和学习。"

小亮听了妈妈的话，决定试一试。晚上他早早地上床睡觉。第二天醒来，他感到精神百倍，连空气都似乎更加清新了。

  小亮发现自从开始早睡早起后，他不仅能在课堂上更好地集中注意力，而且能在操场上跑得更快，跳得更远。他的身体也变得更加健康，不再容易感冒。

  有一天，小亮和朋友们在公园里玩耍，他们比赛跑步和爬树。小亮因为早睡早起，精力充沛，轻松赢得了比赛。朋友们都好奇地问他秘诀，小亮高兴地分享了他早睡早起的好习惯。

  从那以后，小亮的朋友们也开始向他学习，养成了早睡早起的好习惯。他们发现，这样做不仅白天更有精力，而且晚上也更容易入睡，不再需要爸爸妈妈催促。

1. 逐渐调整

需要把睡觉时间提前，逐渐调整，每次提前 15 ~ 30 分钟，直到达到目标时间。

今天要比昨天早上床 20 分钟。

2. 创建睡前例行程序

建立一个放松的睡前例行程序，如阅读、冥想或深呼吸练习。

睡觉之前不能玩手机。

3. 限制晚上"屏幕时间"

睡前不要使用电子设备，尤其是不要躺在床上看手机，因为蓝光会干扰褪黑素的生成。

帮忙做家务，收获喜悦

我也想帮你们做家务。

也许你会想，为什么要帮爸妈做家务呢？难道他们自己不会做吗？

首先，在家庭中，每个成员都有义务为家庭的和谐与整洁出一份力。当我们主动承担起家务时，不仅能减轻爸爸妈妈的负担，也能展现出对家庭的关心和爱护。这种无私的付出，往往能够增强家庭成员之间的情感联系，让家变得更加温馨和融洽。我们虽然还小，但也是家庭中的一分子，可以帮爸爸妈妈分担一些简单的家务，比如倒垃圾。

其次，通过参与家务活动，个人也能获得成长和满足感。家务劳动虽然看似平凡，但却能培养一个人的责任感、细心和耐心。在完成一项家务劳动的过程中，我们学会了如何更好地管理时间，如何高效地处理各种事务。这些技能不仅在家中有用，在生活中也同样重要。当我们看到自己的努力让家变得更加整洁和舒适时，内心的喜悦和成就感也会油然而生。

最后，帮忙做家务还能培养我们的感恩之心。当亲身体验过家务的辛劳后，会更加珍惜爸爸妈妈的付出和努力。这种感恩之心会让我们更加懂得尊重和感激他人的劳动成果，从而在日常生活中形成积极向上的态度和价值观。

所以，要培养的第二个好习惯，就从帮爸爸妈妈做一件小小的家务开始。

习惯小故事

一天，小林放学回家，看到妈妈在厨房忙碌地准备晚餐，爸爸在修剪客厅的花草。小林突然想到，自己也许可以帮忙做一些家务，让爸爸妈妈不再那么辛苦。

小林走到妈妈身边，问："妈妈，我可以帮忙做些什么吗？"妈妈笑着回答："当然可以，小林。你可以帮忙把桌子擦干净。"

小林高兴地接受了任务，他认真地擦起了桌子，虽然一开始不太熟练，但他做得非常认真。晚餐后，小林还主动帮忙收拾碗筷，并放到洗碗池里。

爸爸看到小林的变化，也邀请他帮忙浇花。小林学会了如何给植物浇水，还学会了分辨哪些植物需要更多的水分。通过这些简单的家务，小林发现自己不仅能够帮助家人，还能学到很多新知识。

之后的日子里，小林开始承担更多的家务，比如扫地、整理书架等。他发现自己在做家务的过程中，变得更加细心和有条理。每当家里因为他的努力而变得更加整洁时，小林都会感到一种特别的满足感。

更重要的是，通过参与家务，小林学会了感恩。他开始更加珍惜家人的付出，更加尊重他们的劳动成果。他意识到，每个人的努力都是家庭幸

福的一部分。

有一天，小林的班级举行了一次"家庭日"活动，老师让每个人分享自己在家里做的事情。小林自豪地讲述了自己如何帮助家人做家务，以及从中学到的东西。老师听后，对他竖起了大拇指，夸赞他是一个有担当有责任感的男子汉。

好习惯小贴士

1. 整理玩具
收拾和整理自己的玩具。

2. 收拾床铺
学会每天早上整理床铺。

3. 摆放餐具
在用餐前帮忙摆放餐具。

睡前不刷牙，蛀牙找上门

刷牙？

难道每天起来刷一次牙还不够吗？为什么晚上还要刷？多麻烦呢！

这是不是你心中所想的呢？

我们要明白牙齿健康的重要性。牙齿是我们用来咀嚼食物的重要工具，也是我们展示自信和美丽笑容的关键部分。因此，保持牙齿的健康和清洁是非常重要的。

然而，即使我们在白天刷过牙，但在我们的口腔中仍然会残留一些细菌和食物残渣。这些细菌会在夜间继续繁殖，产生酸性物质，侵蚀牙齿的牙釉质。如果我们不清除这些细菌和食物残渣，就容易导致蛀牙和其他口腔问题的产生。

此外，当我们睡觉时，唾液的分泌量会减少。唾液是口腔中的天然清洁剂，它可以中和酸性物质，帮助清洁口腔。因此，如果我们不刷牙就睡觉，口腔中的细菌和酸性物质就会更容易对牙齿造成伤害。

你看，睡前刷牙是有多重要哇。它可以帮助清除口腔中的细菌和食物残渣，减少蛀牙和其他口腔问题发生的风险。此外，睡前刷牙还可以帮助我们拥有清新的口气，让我们在早上醒来时感觉更加清爽和舒适。

所以，要培养的第三个好习惯，就从睡前刷牙开始吧！

习惯小故事

每天晚上，小萌总是快快地洗漱，然后跳上床，期待着美好的梦境。她的妈妈注意到了这一点，决定和小萌谈谈。

一天晚上，妈妈坐在小萌的床边，温柔地问："小萌，为什么你不喜欢晚上刷牙呢？"

小萌皱了皱眉头，说："妈妈，我觉得早上刷过牙就可以了，晚上再刷好麻烦呢。"

妈妈微笑着拿出一本故事书，说："让我给你讲一个关于牙齿的故事吧。"

故事讲的是一个叫牙牙的小精灵，它的工作是保护小朋友的牙齿。但是，牙牙发现，如果小朋友们晚上不刷牙，它就很难在夜里清除掉所有的细菌和食物残渣。这些坏东西会在夜里捣乱，让牙齿变得不健康，甚至让它们变成蛀牙。

小萌听得津津有味，她问："妈妈，那牙牙是怎么帮助我们的牙齿保持健康的呢？"

妈妈回答说："牙牙需要我们的帮助。当我们晚上刷牙时，就相当于给牙牙加油鼓劲，让它能够更好地保护我们的牙齿。"

小萌想了想，然后说："妈妈，我想帮助牙牙，我想让我的牙齿健健康

康的。"

从那天晚上开始，小萌养成了晚上刷牙的好习惯。她发现，晚上刷牙后，早上醒来时口气要比以前清新，而且她的牙齿也变得更加坚固和亮白。

最重要的是，小萌的笑容也因为她健康的牙齿而变得更加灿烂。

好习惯小贴士

1. 刷牙角度

将牙刷以 45 度角对准牙齿和牙龈的交界处，这是清除牙菌斑最有效的区域。

2. 轻柔刷牙

使用轻柔的力度、呈小圆周运动轨迹刷牙，确保每颗牙齿的外表面、内表面和咀嚼面都被清洁到。

3. 刷牙时间

至少刷 2 分钟，确保有足够的时间清洁每颗牙齿。

节约资源从小事做起

或许你已经知道了地球很大，大到你一年都走不完，因此理所当然地认为地球上有很多很多宝藏与资源。

但首先，地球上的资源并非取之不尽，用之不竭，如水资源、矿产资源等都是有限的。如果我们不节约使用，未来将面临资源枯竭的危机；其次，人类的过度消耗和浪费会对环境造成严重破坏，如水污染、空气污染、土地肥力退化等。这些问题不仅影响我们的生活质量，还可能威胁到我们的生存。

如果我们浪费资源，就相当于榨取地球的"生命"，到了一定程度，可能现在所拥有的美好生活都将不复存在，甚至连吃饭都吃不饱，就更别说什么鸡腿、红烧肉、炸串了。

因此，节约资源是为了我们能够长期过上安稳的生活。当然，这不仅仅是为了我们自己，也是为了子孙后代和整个地球生态系统的健康。

只有地球家园健康了，我们才能实现我们的"鸡腿自由"，是不是？

所以，要培养的第四个好习惯便是节约资源。比如，少玩会儿手机等电子设备，因为电也是一种能源资源。

习惯小故事

住在绿意谷的小绿是个好奇心很强的孩子，他喜欢探索森林，了解各种植物和动物。然而，小绿以前并没有意识到节约资源的重要性，直到有一天，他遇到了一只名叫智智的老乌龟。

智智乌龟是森林里的智慧象征，它告诉小绿："小绿，我们的地球是个美丽的星球，但它的资源并不是无限的。如果我们不学会节约，将来我们的家园可能会变得贫瘠。"

小绿听了智智乌龟的话，感到非常惊讶。他问："那我能做些什么来保护我们的家园呢？"

智智乌龟微笑着给了小绿一些建议：

当你用水时，记得用完后要关紧水龙头，不要浪费。

当你不在房间时，记得关灯，不要让电白白消耗。

尽量使用可循环利用的物品，比如用布袋代替一次性塑料袋。

把废旧物品分类回收，让它们有机会变成新的有用的东西。

小绿决定听从智智乌龟的建议，并开始在日常生活中实践节约资源的方法。他告诉了村庄里的其他孩子，他们也开始一起节约资源，保护环境。

随着时间的推移，小绿的家乡变得更加美丽和繁荣。小绿和村庄里的孩子们也为他们的努力而感到自豪。他们知道，即使是小小的行动，也能为保护地球做出巨大的贡献。

有一天，小绿在森林里发现了一个神奇的地方，那里有清澈的溪流、五彩斑斓的花朵和快乐的小动物。这个地方是大自然对绿意谷居民节约资源、保护环境的回报。

好习惯小贴士

1. 减少浪费食物

根据需要适量取食，避免剩饭剩菜。

先吃这么多，吃完再盛。

2. 重复使用物品

选择可重复使用的水瓶和购物袋，而不是一次性产品。

垃圾站

3. 回收利用

将可回收物品如塑料瓶、纸张和玻璃瓶（碎玻璃需要包好）分好类，送到回收站。

遵守规则也是保护自己

也许，你天生放荡不羁爱自由。

如果你不知道什么是"放荡不羁爱自由"，你可以将其看作是一个我行我素的酷酷侠。但是你知道吗？一个人可以很酷，但他必须得遵守一定的规则，比如社会规则、交通规则，否则，他的酷就维持不了多久。

首先，我们得知道，社会规则是为了维护社会秩序和稳定而制定的。它规定了人们在社会中的行为准则，帮助我们建立良好的人际关系和社会环境。当我们遵守这些规则时，我们能够更好地与他人相处，减少冲突和

矛盾，从而创造一个和谐、友好的社会氛围。

其次，遵守社会规则有助于保护我们的安全和权益。比如，交通规则是为了保证我们在道路上的安全。如果不遵守交通规则，比如闯红灯、乱穿马路，就会增加发生交通事故的风险，给自己和他人的生命安全带来威胁。因此，遵守交通规则不仅是对自己负责，也是对他人负责。

最后，遵守社会规则还有助于培养我们的责任感和自律意识。我们正处于成长阶段，学会遵守规则是成长过程中的重要一环。通过遵守社会规则，我们可以学会对自己的行为负责，养成良好的习惯和品德。这不仅有助于我们在社会中立足，也为我们未来的发展打下坚实的基础。

所以，第五个好习惯就从遵守交通规则开始吧，毕竟这样的我们才是真的酷。

习惯小故事

一天，小阳在公园里玩耍，他看到一群大孩子们在玩滑板。他们的动作很酷，但有时候却不看红绿灯就穿过马路，这让小阳感到困惑。他想，这样真的安全吗？

晚上，小阳问爸爸："爸爸，我今天看到一些大哥哥，他们玩滑板时不遵守交通规则，他们这样做对吗？"

爸爸认真地回答："小阳，真正的酷不是做危险的事，而是能够做到既自由又负责任。遵守交通规则，不仅能保护我们自己，也能保护别人。"

小阳听了爸爸的话，开始思考。他意识到遵守规则是一种对自己和他人负责任的表现。他决定，自己要成为一个既遵守规则又自由自在的探险家。

记住，真正的酷是不作危险的事。

从那天起，小阳开始在日常生活中注意遵守规则。无论是过马路，还是在公园玩耍，他都会注意安全，遵守规则。他的好习惯很快得到了老师和同学们的认可。

　　学校里举行了一次"安全小卫士"的评选活动，小阳因为遵守规则和负责任的行为被选为"安全小卫士"。他感到非常自豪，因为他知道，遵守规则不仅更安全，也更能赢得大家的尊重。

　　小阳还把他的想法分享给了其他小朋友，鼓励他们也成为遵守规则的"安全小卫士"。他们一起学习交通规则，一起在社区里宣传安全知识。

好习惯小贴士

责任感 +1

1. 培养责任感

　　意识到我们要对自己的行为负责，以及要尊重他人和环境。

2. 讨论后果

　　讨论不遵守规则可能带来的负面后果，以及遵守规则的积极结果。

要参与到制定规则中来。

3. 参与制定规则

　　在家庭或学校中，让孩子参与制定一些规则，以增强他们的参与感和责任感。

培养财务管理意识

财务管理？当你看到这个词时，你一定会想，这是什么嘛！这是大人们才应该要考虑的事，我一个小朋友也不会工作赚钱，我怎么会需要财务管理呢？

其实，你错了，因为你虽然不赚钱，但也会和钱打交道，比如长辈给的零花钱和压岁钱。

因此，学习财务管理对于我们来说也是非常重要的。

想象一下，如果你有一个魔法钱包，里面装着你的零花钱，你会怎么用这些钱呢？是买糖果，还是存起来买一个超级酷的玩具？学会管理自己的钱，就像学会用魔法一样，可以帮助我们买到想要的东西，还能为将来的梦想做准备。

如果我们学会怎样聪明地花钱，就可以避免买太多不必要的东西。这样我们就能有更多的钱去做更有意义的事情，比如参加一次夏令营或者买我们真正喜欢的书和玩具。

当然，就像我们做作业一样，管理钱也需要计划。我们可以做一个小预算，决定哪些东西是我们真正需要的，哪些可以暂时不买。这样，我们不仅能学会存钱，还能学会选择和决定，这会让我们变得更聪明！

如果我们能管理好自己的钱，就能更独立，不需要总是依赖爸爸妈妈。我们可以自己决定怎么使用这些钱，学会承担责任，成为一个小大人。

生活中有很多意想不到的事情，如果我们学会了怎样管理钱，我们就能更好地面对这些挑战。比如，如果我们想要一个新玩具，但是钱不够，我们可以通过财务管理强制自己存钱，直到我们有足够的钱。

所以，第六个习惯，让我们从学点财务管理开始吧。比如，先记录下自己每天的支出，看看我们的零花钱都用在了什么地方。注意，要诚实，可不能欺骗自己哦！

好习惯小贴士

1. 存钱意识

培养财务意识的第一步是培养存钱意识，我们可以为自己想要的东西储蓄，比如设立一个存钱罐。

2. 收入和支出

理解"收入是赚得的钱，支出是花掉的钱"的概念。

3. 比较价格

我们在外面时，要学会如何比较不同商品的价格和质量。

为人处世
品德兼修

　　有些好的习惯能让我们在与他人相处的时候更舒心、更自在，比如诚实守信、不轻易许诺、不拖延、谨慎交友、尊重他人以及控制好自己的情绪。养成这些好习惯，会让我们在今后的道路上越走越顺，也会交到更多知心的好朋友，一起并肩前行。

诚实永远不落伍

你今天下午好好写作业了吗?

写......写了......

  诚实是一种宝贵的品质,无论在哪个时代,都不会过时。对于小朋友来说,培养诚实的习惯尤为重要。诚实不仅是一种道德准则,更是一种生活态度和价值观的体现。

  首先,诚实是建立信任的基础。在成长过程中,我们会与父母、老师、朋友等建立各种关系。如果我们能够保持诚实的态度,就会更容易获得他人的信任和尊重。当我们说谎或欺骗他人时，这种信任就会被破坏，导致关系的破裂。因此，养成诚实的习惯可以帮助我们建立良好的人际关系，培养我们的社交能力和合作精神。

其次，诚实有助于我们树立正确的价值观。诚实是一种正直的品质，它要求我们在面对任何问题时，言行一致，犯错时要勇于承认错误并承担责任。通过培养诚实的习惯，我们可以学会尊重他人的权利和感受，避免伤害他人的行为。同时，诚实也教会我们珍惜自己的信誉和名誉，不轻易做出违背良心的事情。这样的价值观会对我们的未来产生积极的影响，使我们成为有道德底线的人。

最后，诚实还有助于培养自律能力。诚实意味着对自己的行为负责，不找借口或逃避责任。通过培养诚实的习惯，我们可以学会自我约束和管理，养成良好的行为习惯，更加自觉地遵守规则和纪律，不轻易受到外界的诱惑和干扰。这样的自律能力将对我们的成长和发展起到积极的推动作用。

所以，第七个好习惯，就从诚实守信开始吧。

一天，小松的妈妈买了一些饼干放在客厅的橱柜里，并告诉小松不要偷吃，因为那是为即将到来的家庭聚会准备的。小松答应了妈妈，但他的眼睛总是不自觉地瞟向那些诱人的饼干。

当妈妈出门去购物时，小松忍不住打开了橱柜，拿出一块饼干。他想，只吃一块，妈妈应该不会发现的。但是，当小松咬下第一口时，他意识到自己做错了。他担心如果妈妈发现了会生气。

不久，妈妈回家了，发现橱柜的门开着，饼干少了一块。她问小松："小松，你有没有吃橱柜里的饼干？"

小松心里很害怕，他想撒谎说没有，但他记得老师在课堂上讲过诚实的重要性。小松深吸了一口气，鼓起勇气说："妈妈，对不起，我吃了一块饼干。"

妈妈看着小松的眼睛，看到了他的歉意和勇气。她温柔地说："小松，虽然你做错了事，但你选择了诚实，这是非常宝贵的。记住，诚实比任何东西都要珍贵。"

小松感到非常温暖，他知道妈妈原谅了他。他决定以后再也不偷吃，也不撒谎了。他开始学会控制自己的欲望，并且无论发生什么事，他都会勇敢地说出真相。

这件事很快在社区里传开了，大家都称赞小松的诚实和勇气。小松意识到，诚实不仅能够帮助他获得原谅，还能够让他赢得朋友和邻居的尊重。

好习惯小贴士

犯错不可怕，可怕的是撒谎成性。

1. 培养责任感

我们要对自己的行为负责，包括承认错误并寻求补救。

如果我不诚信，我就会……

2. 建立信任

与别人建立信任关系，知道即使犯了错误，也能获得理解和支持。

3. 讨论后果

讨论不诚实行为可能带来的负面后果，以及诚实带来的正面结果。

轻易许诺却做不到会很尴尬

如果你的爸爸妈妈承诺，在考试结束后带你去迪士尼乐园玩耍，但后来由于种种原因未能实现，你可能会感到难过和失望。这种情绪是可以理解的，因为每个人都期待着别人兑现承诺。

因此，我们应该始终遵守"许诺的事一定要做到"的原则。当我们作出承诺时，我们的行为和诺言会对他人产生深远的影响，特别是那些对我们信任的人。如果我们违背了承诺，不仅会破坏他们对我们的信任，还会给他们带来失望和痛苦。

然而，我们也会遇到一些难以完成或不可能完成的事情。在这种情况下，我们应该谨慎对待自己的承诺。不要轻易许下承诺，而是要考虑实际情况和自身能力。如果我们无法确定承诺能否兑现，最好先与对方进行坦诚的沟通，解释我们的困难和限制。这样可以避免给对方造成不必要的期望和失望。

我真是太失望了。

同时，我们也应该学会接受和理解他人的失诺。生活中充满了变数和意外，有时候即使最坚定的承诺也可能受到各种因素的影响而无法实现。在这种情况下，我们应该保持宽容和理解的态度，不要过于苛求他人，而是尝试寻找解决问题的方法和替代方案。

第八个好习惯，让我们从不轻易许诺开始。

习惯小故事

一天，小方的好朋友小美遇到了一个难题。她的宠物小兔子跑丢了，小美非常着急。小方看到小美焦急的样子，立刻说："小美，我保证帮你找到小兔子，这件事包在我身上。"

小美听了非常感动，连声感谢小方。小方开始在小区里到处寻找，但小兔子似乎消失得无影无踪。随着时间的流逝，小方开始感到焦虑，因为他并没有找到任何线索。

小方的爸爸看出了他的不安，便问他发生了什么事。小方便把对小美的承诺告诉了爸爸。爸爸认真地对他说："小方，承诺是一件很重要的事情。当你向别人作出承诺后，你就要尽力去实现它。如果做不到，就应该及时告诉对方。"

小方意识到了自己的错误。他决定去找到小美，诚实地告诉她，自己目前还没有找到小兔子，但他会继续努力寻找，并寻求其他人的帮助。

小美虽然有些失望，但她看到了小方的诚意和努力，感到非常温暖。她告诉小方："没关系，小方，我知道你尽力了。我们一起找小兔子吧。"

最终，在几个人的共同努力下，小兔子被找到了。小方和小美都非常高兴，原来，那只小兔子一直躲在小美家楼下的草丛里呢。

你在找什么？

奇怪，怎么一直找不到，我都答应她了。

1. 个人能力

思考一下自己是否有能力完成所承诺的事情。

如果没有能力做到, 就不要答应。

2. 时间安排

考虑自己的日程和时间表, 确保有足够的时间来履行承诺。

3. 后果预测

思考如果无法履行承诺可能带来的后果。

今天的事，怎能留到明天呢

　　在我成长的岁月里，有一位老师每天都会不厌其烦地重复着一句诗："明日复明日，明日何其多。"这句话仿佛是一颗种子，在我幼小的心灵深处扎下了根，不断指引着我的成长。它深刻地告诉我，明天之后还有无数个明天，明天如此之多，以至于我们常常忽视了今天的价值。

　　这句箴言不仅仅是对时间宝贵的提醒，更是一种生活哲学的传达：时间如同流水般匆匆流逝，如果我们总是将想做的事情推迟到明天，那么我们将永远无法完成它们。每一个被推迟的梦想，都是对未来的一种浪费。

因此，我们应该珍惜当下的每一分、每一秒，不让任何一个今天虚度。

"今日事，今日毕"这六个字，简单而深刻，它不仅是一个优良的品质，更是一个人成功与否的关键所在。当我们养成了这样的习惯，我们会发现生活中的许多难题都会迎刃而解。因为每一个今天的努力，都是对未来的最好准备。无论是学习上的进步，还是生活中的成就，都离不开我们对每一天的尊重和珍惜。

只有把握今天，我们才能拥有更多的明天。每一个今天，都是我们实现梦想的起点。让我们从现在开始，不再把希望寄托到虚无缥缈的明天，而是脚踏实地，珍惜每一个今天，让每一天都成为我们人生中不可或缺的一部分。这样，我们才能在未来的日子里，回望过去，不留遗憾，满怀自豪。

所以，第九个好习惯，我们就从今天开始，想一想，有哪些事情是今天该完成却还没有完成的呢？赶紧去做吧。

时间就像流水，一去不复返。

习惯小故事

一天放学后，老师布置了一项作业，要求学生们在第二天交一篇关于"我最喜欢的动物"的作文。小杰回到家，看到作业本上的任务，心想："不急，我晚上再写。"

吃过晚饭，小杰看到窗外的小伙伴们在玩耍，他忍不住跑了出去。他想："玩一会儿再写也不迟。"结果，小杰和小伙伴们玩得太开心了，完全忘记了作业的事。

晚上，小杰回到家，看到作业本还静静地躺在书包里，他才想起作文还没写。他想：没关系，我明天早上早点起来写。

第二天早晨，小杰早早地起床，准备写作文。但当他坐下来拿起笔时，却发现自己不知道该写什么。他感到十分焦虑，因为时间不多了，可他还没有准备好。

小杰的妈妈早上起来发现他已经坐在书桌前了，非常好奇，走近后才发现他有点儿焦虑，她关切地问："小杰，你怎么了？"小杰把事情告诉了妈妈。妈妈语重心长地说："小杰，今天的事应该今天完成，不要留到明天。

哎呀，完蛋了，时间来不及了！

如果你昨晚就完成作文，现在就不会这么焦虑了。"

小杰听了妈妈的话，既惭愧又有所领悟。他决定以后要改掉拖延的坏习惯，当天的事情当天做完。

从那以后，每当老师布置作业或者家里有家务活时，小杰都会立即去做，而不是说"等会儿"或"明天"。他发现，当自己及时完成任务时，不仅能够减轻压力，还能有更多的时间去做自己喜欢的事情。

好习惯小贴士

这件事更重要。

1. 优先级排序

根据重要性和紧急性对任务进行排序。

2. 设定截止日期

为每个任务设定一个明确的截止日期。

嗯，我今天还有一项任务没完成。

3. 使用规划工具

通过将任务记下来、设定任务列表或时间管理应用来规划任务，这些都很方便。

谨慎交友，互相助力

正处于成长关键阶段的我们，需要与各种各样的人交往。然而，并不是所有人都是值得信任的。因此，需要学会如何辨别那些真正关心我们、愿意帮助我们的人，以及那些可能会对我们造成伤害的人。

谨慎交友并不意味着要拒绝所有的新朋友，而是要有选择性地结交那些和自己有共同兴趣、价值观和目标的朋友。这样的朋友可以帮助我们更好地了解自己，发现自己的优点和潜力，并在成长过程中给予我们支持和鼓励。

互相助力则是交友中的另一个重要方面。在我们的世界里，经常会遇到各种挑战和困难。这些挑战可能来自学习、运动、艺术或其他兴趣爱好。当我们相互之间提供帮助时，我们可以共同克服这些困难，取得更好的成绩。

好朋友应该相互鼓励!

互相助力不仅仅是在遇到问题时才发挥作用。在平常的日子里，也可以通过分享知识、技能和经验来互相帮助。例如，你可能在数学上很有天赋，而你的一位朋友则擅长绘画。你们可以互相教授对方自己的专长，从而促进彼此的成长和发展。

此外，互相助力还可以培养合作精神和团队意识。当我们一起完成任务或参加活动时，会学到如何与他人分工，如何协作，共同达成目标。这种团队合作的经验将对我们未来的学习和职业生涯产生积极的影响。

所以，第十个好习惯，就从结交一位好朋友开始，让我们一起和好朋友们健康成长，并肩前行。

习惯小故事

小莉是个善良而友好的孩子，她总是乐于结交新朋友。然而，小莉的爸爸妈妈经常提醒她，选择朋友时要谨慎，因为好的朋友才可以相互帮助，共同成长。

一天，小莉在学校遇到了一个叫小强的转学生。小强看起来很酷，但有些孤僻。小莉想和他成为朋友，于是她主动上前打招呼，并邀请小强一起玩耍。

小强接受了小莉的邀请，他们很快成为好朋友。但不久后，小莉发现小强有时会抄别人的作业，还会做一些不安全的事情，比如爬树摘果子，甚至有时会怂恿小莉和他一起做。

小莉感到困惑和担忧，她不想做这些事情，但又不想失去新朋友。于是决定和小强谈谈。小莉对小强说："小强，我觉得我们应该做一些更安全、更有意义的事情，而不是抄作业或做危险的事。"

小强听了小莉的话，有些不高兴，但他也意识到自己的行为确实有些不妥。小莉没有放弃，她继续鼓励小强参加学校的课外社团，比如参加绘画俱乐部和科学小组。

> 身为朋友，我觉得我应该帮助你学习，而不是看着你抄作业。

慢慢地，小强开始改变。他不再逃课，而是和小莉一起参加各种活动。他们一起学习，一起探索新知识，一起创造美好的回忆。小强的成绩提高了，他也变得更加开朗和自信。

小莉的爸爸妈妈看到了小强的变化，非常高兴。他们告诉小莉："小莉，你做得很好。一个好朋友不仅要在快乐时分享，更要在困难时互相帮助和支持。"

好习惯小贴士

1. 展现真实的自我

做自己，展现真实个性，这样能吸引到真正欣赏你的人。

2. 共同兴趣

寻找有共同爱好和兴趣的人，这为友谊提供了良好的基础。

3. 开放态度

对新认识的人保持开放和友好的态度。

尊重他人就是尊重自己

你知道尊重意味着什么吗？我们为什么要尊重他人呢？

首先，尊重意味着我们认可和重视别人的存在、感受和权利。当我们对待别人时，我们应该用友善的态度，不伤害他们的感情，也不侵犯他们的权益。

尊重他人可以从一些简单的事情做起。比如，当别人说话时，我们可以耐心地倾听，不打断他们的发言；当我们和别人分享玩具或零食时，可以公平地分配，不让任何人感到被忽视或被不公平对待。

同时，尊重他人也意味着我们要尊重他们的想法和意见。每个人都有自己独特的思考方式和观点，即使我们不同意他们的看法，也应该尊重他们表达自己想法的权利。这样，我们可以学会包容和理解不同的观点，培养开放的心态。

此外，尊重他人还包括尊重他们的个人空间和隐私。我们不应该随意翻看别人的日记或手机，也不应该闯入别人的私人领地。这样的行为会让别人感到不舒服和不安全。

当我们学会尊重他人，别人也会以同样的方式对待我们。会尊重我们的感受和权益，给予我们应有的关注和尊重。这样一来，我们会建立起良好的人际关系，获得更多的友谊和支持。

总之，尊重他人的人，在别人眼里一定很酷。

那么，第十一个好习惯，就让我们从尊重他人开始。尊重他人的第一步，就是学会礼貌待人，下次再见到熟人的时候，记得打一声招呼，问一声好。

习惯小故事

小浩是一个活泼开朗的孩子，但他有时候不太注意尊重他人，尤其是在和同学们玩耍时。

一天，小浩和同学们在操场上玩球。他玩得很兴奋，有时候为了抢球，会不小心撞到别人，还喜欢大声喊叫，这些都让其他同学感到不舒服。但他自己并没有意识到这一点。

这时，班上一个叫小静的女孩儿走过来，对小浩说："小浩，你玩的时候能不能注意一下！刚才你撞到我了，而且声音太大了，吓到了我。"

小浩听了，有些不高兴，他觉得小静太小题大做了。但老师看到了这一幕，走过来对小浩说："小浩，尊重他人是我们每个人都应该做到的。当你尊重别人的时候，别人也会尊重你，这样我们才能和谐相处。"

小浩听了老师的话，开始反思自己的行为。他意识到，自己确实有时候太粗鲁了，没有考虑到别人的感受。

第二天，小浩再次和同学们玩球时，他特别注意自己的动作，避免撞到别人。当球滚到小静的脚下时，小浩友好地请她传球，而不是像以前那样大声喊叫。

小静和其他同学都感受到了小浩的改变，他们更愿意和小浩一起玩了，也更尊重他。小浩发现，当他尊重别人的时候，他也获得了别人的尊重和友谊。

　　这件事很快在班级里传开了，老师在班会上表扬了小浩的改变，并告诉大家："尊重他人，就是尊重自己。当我们尊重别人的时候，我们也会赢得别人的尊重和喜爱。"

好习惯小贴士

你先说，我听着。

1. 认真倾听

认真倾听他人说话，不打断，给予对方充分表达意见的机会。

对不起，请让一下，谢谢。

2. 认可差异

接受并尊重人们在观点、信仰、文化和生活方式上的差异。

3. 礼貌用语

使用礼貌的语言和表达，如"请""谢谢""对不起"。

别让情绪毁了你

消消气，冷静一下，别让情绪毁了你。

保持情绪稳定对于我们每个人来讲都是重要的。

首先，情绪波动可能会导致我们在关键时刻做出不理智的决定。当我们感到生气、害怕或紧张时，我们的大脑会变得混乱，很难做出明智的选择。这会影响我们的学习、友谊和快乐的生活。所以，我们应该学会在情绪高涨时保持冷静，并尝试以更理性的方式解决问题。

其次，如果我们的情绪失控，可能会说出伤人的话或做出冲动的行为，这会伤害到别人和自己。我们应该学会控制自己的情绪，避免在生气或失望时做出过激反应。相反，应该用平和的态度与人交流，寻找解决问题的方法。

再次，情绪波动也可能对身体健康产生负面影响。长期的负面情绪状态可能导致心理压力增加，进而引发一系列身体问题，如失眠、肚子疼和免疫系统功能下降等。因此，我们应该关注自己的情绪健康问题，学会保持平和的心态，保持身心平衡。

最后，情绪不稳定可能会影响学习效率和创造力。当处于负面情绪时，可能无法集中精力做作业，思维会变得迟缓，创造力也会受到影响。为了保持良好的学习状态，我们应该学会管理自己的情绪，保持积极的心态，以便更好地应对学习中的挑战。

所以，第十二个好习惯，就从稳定我们的情绪开始吧。我知道这有点难度，但不妨把它当作一次挑战，好好挑战一下自己，好吗？

你会发现，当你稳定住自己的情绪几次之后，自己真的很酷，很帅，也很棒。

好习惯小贴士

1. 深呼吸

当你感到生气时，先做几次深呼吸，帮助身体放松，缓解紧张情绪。

真是气死我了，我先去外面透透气。

2. 计数法

尝试从 1 数到 10，或者更长时间，以分散注意力，避免冲动行为。

3. 暂时离开

如果可能，暂时离开引起情绪波动的环境或人。

身体健康
精神满满

　　我们的生活离不开健康的体魄，因此要培养一些有助于身体健康的好习惯，比如坚持运动、注意个人卫生、多喝水、控制欲望、保证充足的睡眠，以及户外运动。有了健康的身体，我们才能更好地生活，才能拥有一个幸福美满的人生。

坚持锻炼，保证健康

你喜欢锻炼吗？你有锻炼的习惯吗？

可能你会觉得，锻炼多累呀！

我知道如果你一开始就没有锻炼的习惯，那么锻炼对你来说是有点儿难度，但只要你养成了锻炼的习惯，那么锻炼对你来说就是一件再自然不过的事了。

也许你又会问，锻炼有什么好处呢？

锻炼的好处多着呢，让我们伸出小指头，一起来数一数吧。

变得更加强壮：定期做运动，可以帮助我们的肌肉变得更有力，像超级英雄一样，心肺也能工作得更好，整个身体都变得更强壮。

保持健康：通过玩耍和运动，可以让我们的血液流动得更顺畅，减少得心脏病、糖尿病或变胖的风险。动一动，跳一跳，不仅能让我们保持合适的体重，还能让我们远离很多威胁健康的问题。

看起来更年轻：做运动就像是一种魔法，能让身体新陈代谢更快，细胞更新也更快，这样就不容易老去。喜欢运动的小朋友通常看起来会更有活力，更年轻。

增强抵抗力：当我们规律地在外面跑跑跳跳时，就能让身体更加强壮，更能抵抗病毒和细菌，这样就不容易生病啦。

心情更愉快：运动的时候，身体会释放出让人开心的化学物质，帮助我们放松，忘记烦恼。还能让我们更有自信，更爱笑，生活也会更加阳光哟。

学习更有效：运动完的小朋友注意力会更集中，学习东西也会更快。这样在学校里就能更快地学会新知识，成绩也会越来越好。

变得更酷：规律的运动能保持良好的体型，站在镜子前都会觉得自己很酷，很有魅力。

所以，第十三个好习惯，就让我们从锻炼开始吧，一起跑个步！一二三！跑！

　　小壮的爸爸妈妈都是热爱运动的人，他们经常告诉小壮："锻炼对我们的身体很重要，它可以让我们保持健康，远离疾病。"

　　然而，小壮并没有把爸爸妈妈的话放在心上。直到有一天，学校举办了一年一度的运动会。小壮看着同学们在赛场上奔跑、跳跃，一个个精神抖擞，而自己却跑得气喘吁吁，跳得也不远。

　　运动会结束后，小壮感到有些沮丧。他意识到，自己需要改变，需要开始锻炼。他决定听从爸爸妈妈的建议，开始每天进行体育锻炼。

　　小壮的爸爸帮助他制订了一个锻炼计划，包括跑步、跳绳和打篮球。起初，小壮觉得很累，有时候甚至想要放弃。但爸爸妈妈总是鼓励他："坚持就是胜利，只要你不放弃，就一定会变得更强壮。"

慢慢地，小壮开始享受运动带来的乐趣，这是因为锻炼已经成了他的习惯。他发现每次运动后，不仅感觉精力充沛，而且心情也变得更好。他的身体素质逐渐提高，不再像以前那样容易生病。

几个月后，学校再次举办运动会。这一次，小壮的表现让所有人眼前一亮。他跑得更快，跳得更远，甚至赢得了几个项目的冠军。同学们都为他鼓掌，老师也表扬了他的努力和进步。

小壮高兴极了，他终于明白，坚持锻炼不仅能够给他带来健康的身体，还能够带来自信和快乐。从此，他将"每天锻炼一小会儿"融入到自己的生活中，每天都会去做。

好习惯小贴士

运动前要喝水，运动后也要喝水。

1. 运动前后要喝水

注意运动前后要补充水分，以及确保营养摄入能支持运动需求。

2. 多样化运动

结合不同类型的运动，如有氧运动、力量训练和柔韧性训练。

3. 热身和拉伸

锻炼前后进行热身和拉伸，以避免受伤，伸展一下胳膊和腿，跳一跳。

注意个人卫生

你平时注意过个人卫生吗？

请诚实地告诉我，是不是没有？

别着急，在你准备养成这个习惯之前，我先来告诉你，为什么我们要注意个人卫生。

首先，个人卫生就像是身体的第一道防护墙，帮助我们预防疾病的传播。如果能养成良好的个人卫生习惯，比如经常洗手、保持身体清洁，就可以有效减少细菌、病毒等的传播，这样就能降低生病的风险。这不仅能保护自己的健康，也能保护身边人的健康！

其次，保持良好的个人卫生习惯可以帮助我们的免疫系统变得更强大。

当身体干净时，皮肤上的菌群就能保持平衡，这有助于我们抵御外来的坏家伙。同时，避免接触脏东西和有害物质也能帮助我们保护免疫系统不受伤害。

再次，个人卫生不仅关乎身体健康，还能影响我们的自信心和在别人心目中的形象。一个外表干净整洁的人通常会给人留下好印象，让我们在和别人交往时更加自信、从容。相反，如果不注意个人卫生，可能会让别人对我们的印象变差，甚至影响到我们和朋友的关系！

最后，养成良好的个人卫生习惯还能帮助我们保持心理健康。当身体干净、穿着整齐时，我们通常会感到更开心、更舒服，这有助于减少压力、焦虑等不好的情绪。而且，良好的个人卫生习惯还能帮助我们养成其他好习惯，让我们的生活品质变得更好。

所以，第十四个好习惯，就让我们……先去洗个手吧。

我要增强我的免疫力。

习惯小故事

小红经常忘记洗手，尤其是在吃饭前和上厕所后。她的妈妈总是提醒她："小红，要记得洗手，这样才能保持干净，远离细菌。"但小红总是不以为意。

　　一天，小红从学校回来，没有洗手就抓起一个苹果吃了起来。不久后，她感觉肚子疼，非常不舒服。妈妈带她去了医院，医生检查后说："小红，你可能是因为手上的细菌吃到了肚子里，所以肚子疼。"

　　小红听了医生的话，感到非常后悔。她意识到，不注意个人卫生，不仅会让自己不舒服，还可能影响到自己的健康。

　　从医院回来后，小红决定要改变自己的习惯。她开始认真洗手，每次吃饭前、上厕所后，还有从外面玩耍回来，她都会用肥皂把手洗干净。

　　小红的妈妈看到小红的改变，非常高兴。她告诉小红："保持良好的个人卫生，不仅能远离疾病，还能让我们更加健康和自信。"

　　小红还把这个重要的教训告诉了她的朋友们。她教他们如何正确洗手，如何保持个人卫生。她的小伙伴们也开始注意个人卫生，一起成为了学校里的"健康小卫士"。

随着时间的推移，小红不仅更加健康，还成为了班上的"卫生小标兵"。她的故事在学校里传为佳话，老师和同学们都称赞她的进步。

好习惯小贴士

爱洗澡的孩子最健康。

1. 定期洗澡

根据个人需要定期洗澡，保持身体清洁。

2. 保持指甲清洁

定期修剪指甲，避免藏污纳垢。

该换一条新的了。

3. 使用干净的毛巾

每次使用后清洗毛巾，定期更换新毛巾，避免滋生细菌。

每天记得要多喝水

你有没有听说过，水是万物之源。

第一，我们的人体大约有 60% ~ 70% 的水分，这些水分在细胞、组织和器官中起着至关重要的作用。因此，身体需要水，多喝水有助于维持身体的水分平衡，确保各种生理功能正常运作。

第二，水是新陈代谢过程中不可或缺的物质，它参与了许多生化反应，包括消化、吸收和利用营养物质。因此，多喝水可以促进新陈代谢，帮助身体更有效地利用食物中的营养。

第三，水对于皮肤的健康至关重要。多喝水可以保持皮肤的水分含量，减少皮肤干燥、粗糙和皱纹的出现，使皮肤更加光滑和有弹性。

第四，水是消化系统中的重要组成部分，它帮助身体溶解食物中的营养物质，促进其被身体吸收。多喝水可以预防便秘、胃酸过多等消化问题，维护消化系统的健康。

当然还有第五、第六、第七、第八……比如调节我们的体温，保护我们的肾脏功能等。

水对于我们的好处可以说是数不胜数。因此，养成多喝水的习惯对我们来说就太重要了，因为水不仅维持我们的生命正常运行，还保证了我们每天的日常生活。

但是，要注意了哦，我们要多喝水，是白开水、矿泉水等饮用水，而不是自来水，更不是饮料。饮料虽然里面有水，但更多的是糖分，我们要少喝。至于自来水嘛，喝了可是要拉肚子的！

好，第十五个好习惯，就让我们先去喝一杯水吧。如果能给爸爸妈妈倒一杯水，效果会更佳哦！

我是万物之源。

习惯小故事

东东活泼好动，但他有一个小问题——不太爱喝水。他总是忙于玩耍，经常忘记喝水，只有感到口渴时才会想起要喝水。

　　东东的妈妈是一位医生，她知道水分对身体健康的重要性。经常提醒东东："东东，要记得经常喝水，不要等到口渴了才喝。"但东东总是点头答应，转头又忘记了。

　　一天，东东和朋友们在公园里玩捉迷藏，他们跑来跑去，玩得满头大汗。东东感到口渴，但他没有带水，只好忍着。到了下午，东东感到头晕，没有力气，连捉迷藏都玩不动了。

　　妈妈来接东东回家时，发现了他的不适。她摸了摸东东的身体，担心地问："你是不是今天没怎么喝水？"东东点点头，妈妈告诉他："这是因为你的身体缺水了，水分对我们的身体非常重要，它可以帮助我们的身体调节体温，保持能量。缺少水分我们就会感到疲劳和不适。"

　　东东听了妈妈的话，意识到了自己的错误。他决定以后要养成良好的饮水习惯，不再让自己缺水。

第二天，东东背上了妈妈给他准备的小水壶，里面装满了清水。无论是在学校上课，还是和朋友们玩耍，他都会记得时不时地喝上几口水。刚开始，他在玩耍的时候也想不起来，但次数多了之后，他就会有意无意地去喝水，因为喝水已经成了他的习惯。他发现，自从养成了这个多喝水的习惯，他不再感到口渴，也不再有头晕和疲劳的感觉，精力更加充沛了。

学校的老师注意到了东东的变化，表扬了他，并在班会上提醒所有小朋友："大家要像东东一样，养成经常喝水的好习惯，这样我们的身体才会健康，才能有充沛的精力学习和玩耍。"

好习惯小贴士

不可饮用的水源有以下几种：

1. 被污染的水源

含有有害化学物质、重金属、细菌或病毒的水。

别喝我！咸得你掉眼泪。

2. 未经处理的井水或泉水

可能含有自然污染物或微生物。

3. 海水

海水含有高浓度的盐分，长期饮用可能影响健康。

克制欲望，延迟满足

为什么我们要控制自己的欲望，不立即得到想要的东西呢？

首先，如果能控制自己的欲望，就能培养出很强的自我管理能力。自我管理就是自己能够管住自己，不被诱惑所吸引。这对我们以后做很多事情都很重要。通过控制欲望，我们可以更好地决定自己要做什么，不会被一时冲动所影响，这样就能更专注于未来的目标和计划。这种自我管理能力不仅能帮助我们在学校学习更好，还能让生活更加有序。

其次，学会等待可以让我们感到幸福和满足。当我们学会控制自己的欲望，把注意力放在将来能得到更大的快乐上时，就会发现生活中其实还有很多更值得我们去追求和珍惜的东西。这种追求长期快乐的过程，会让我们每天都过得更充实、更有意义。同时，在实现目标的过程中也会感受到更多的成就感和自豪感。那些总是想要立刻得到满足的小朋友，可能会觉得生活很烦恼和无聊，因为他们没有深入地体验和思考生活。

你走开，别来烦我了！

所以，第十六个好习惯，就让我们先稍微克制一下自己的欲望。比如，你现在是不是想出去玩？让我们先静下心来，克制一下这个小小的欲望吧！

诱惑

当你养成这个习惯之后，你会发现，生活处处都充满了惊喜。

习惯小故事

小朋友们都喜欢糖果与玩具，小悦也不例外，别看她聪明伶俐，但她有一个小问题——有时候很难克制自己的欲望，尤其是当她看到商店里的糖果和玩具时。

小悦的爸爸妈妈知道，学会克制欲望和延迟满足对小悦的成长很重要。他们决定教小悦一个特别的方法来管理她的欲望。

一天，妈妈带小悦去超市购物。小悦看到了一个她非常喜欢的小熊玩偶，特别想要。妈妈说："小悦，如果你真的想要这个小熊，我们可以用一种特别的方式来得到它。"

小悦好奇地问："什么特别的方式？"

妈妈笑着说："我们把它叫作'愿望储蓄'。你可以每天往你的储蓄罐里存一点零花钱，直到你攒够了买这个小熊的钱。这样，当你最终得到它时，你会更珍惜它。"

小悦想了想，虽然心有不悦，但还是听从了妈妈的建议。她决定开始执行"愿望储蓄"计划。每天，她都会从零花钱中拿出一部分存入储蓄罐。刚开始，她每次存钱进去的时候都会心有不甘，想着尽快买到小熊。但过了几天，她将这件事做得轻松自如，就像肌肉记忆一样。

几周后，小悦终于攒够了钱，她兴奋地和妈妈一起去超市买下了那个小熊。当她拿着自己努力攒钱买来的玩具时，感到无比自豪和满足。

小悦的爸爸妈妈看到她学会了克制欲望和延迟满足，非常高兴。他们告诉小悦："通过克制欲望和努力储蓄，你不仅得到了你想要的东西，还学会了耐心和理财，在你的成长路上，这些才是更珍贵的宝藏哦。"

小悦明白了，通过克制即时的欲望，能够获得更大的满足和成就感。她开始将这个习惯应用到其他方面，比如学习上，她也会为了长远的目标而努力，而不是寻求短期的放松。

好习惯小贴士

一天 24 小时，玩我 8 小时，我不要休息的吗？

1. 过度依赖电子设备

长时间玩游戏、看视频，影响学习和健康。

2. 挑食

只吃自己喜欢的食物，拒绝尝试新食物，可能导致营养不均衡。

也不看看自己需不需要！

3. 过度消费

看到别人有的东西自己也想要，不考虑实际需要和家庭经济状况。

充足睡眠，不要昼夜不分

最近有一个人，白天睡觉，晚上很精神。

这很不好哇，容易生病。

你有没有失眠的情况，或者晚上睡不着觉的时候？

可别以为这是一件小事，其实，这里头的学问多着呢。

人的睡眠可以简单分为浅度睡眠和深度睡眠阶段，当我们进入深度睡眠阶段时，身体会进行细胞修复、免疫系统强化、新陈代谢调整等重要过程。这些过程有助于"修复"我们的身体，准备迎接新的挑战。

睡眠是大脑处理和巩固新信息的关键时期。缺乏睡眠可能会导致记忆力下降，影响学习和工作效率。

而且，充足的睡眠有助于调节情绪，减少焦虑和抑郁的风险，提高日常工作和学习中的注意力和效率。

反之，长时间缺乏睡眠可能导致注意力不集中、反应迟钝、情绪剧烈波动和情绪不稳定。

人体有一个内部的生物钟，它可以根据光线的明暗来调节生理活动。持续的昼夜颠倒可能会打乱这个生物钟，导致一系列的健康问题。

所以，第十七个好习惯，就让我们养成每天按时睡觉的习惯，保证充足的睡眠。如果现在已经很晚了，那就先放下书去睡觉吧。我知道这本书很有意思，但是……你的睡眠更重要。明天可以接着看，放心，我跑不了。

习惯小故事

美美有着丰富的想象力和近乎无穷的精力，她喜欢夜晚的神秘，常常因为看故事书或玩游戏而熬夜，不愿意按时睡觉，而且早上起得也很早。

美美的妈妈知道充足的睡眠对小朋友的健康和成长非常重要，但她也明白直接命令美美去睡觉可能不会有效。于是，她想了一个办法来帮助美美养成按时睡觉的好习惯。

一天晚上，妈妈带着美美来到花园，指着天空中的月亮和星星说："美美，你看，月亮和星星也有它们的作息时间。月亮在夜晚照亮我们，星星闪烁着陪伴我们，但到了白天，它们就休息去了。我们人也是这样，需要在晚上休息，白天才能有精神学习和玩耍。"

美美听得入了神，她开始意识到，原来世界万物都有其自然规律。妈妈继续说："如果我们不按时睡觉，就会像昼夜不分的月亮和星星一样，失去了和谐。"

从那天起，美美开始尝试按时上床睡觉。起初，她还是有些不习惯，但妈妈给她读了几个睡前故事，让她在温馨的故事中慢慢进入了梦乡。

第二天，美美醒来时，感到精神饱满，心情愉快。她发现自己能够更快地完成作业，上课时也能更加集中注意力听讲。她意识到了充足睡眠的好处。

随着时间的推移，美美不仅养成了按时睡觉的好习惯，还学会了白天合理安排时间，不再因为贪玩而熬夜。她的成绩逐渐提高，身体也越来越

万事万物都有其自然规律，我们也要保证充足的睡眠。

好的，我知道了。

健康。

　　美美的妈妈看到女儿的改变，感到非常欣慰。她告诉美美："保持良好的作息习惯，是对自己负责任的表现。这样，你就能拥有一个健康快乐的生活。"

好习惯小贴士

1. 创造舒适的睡眠环境

确保卧室安静、黑暗且温度适宜。

2. 避免重餐和过度饮水

睡前避免吃油腻或难以消化的食物，减少夜间起床上厕所的次数。

没事别总躺在床上。

3. 避免长时间躺在床上

　　如果 20 分钟内无法入睡，起床做些轻松的活动，直到感受到困意再回到床上。

户外运动，拥抱阳光

你喜欢阳光吗？

在外面太阳不大的时候，你喜欢去户外动一动吗？

现在的人，大都喜欢待在家里，无论是大人还是小孩儿，一到周末就待在家里玩手机、刷视频。其实，这样的习惯非常不好。我们还是要尽可能多去户外做运动，去拥抱阳光。

首先，户外运动能够让我们充分接触大自然，享受温暖的阳光和清新的空气。阳光是自然界中最重要的光源之一，它不仅能够提供维生素 D，促进我们的骨骼健康，还能够提升我们的愉悦感，减轻压力。在阳光下进行户外运动，可以让我们感受到大自然的力量和美丽，从而增强对生活的热爱和积极向上的心态。

其次，户外运动有助于锻炼身体，增强体质。无论是跑步、徒步、骑行还是攀岩，都可以锻炼我们的肌肉、增强心肺功能，提高身体的耐力和灵活性。通过户外运动，我们可以有效地消耗体内的能量，减少脂肪堆积，塑造健康的体态。同时，户外运动也能够培养我们的意志力和毅力，让我们在面对困难和挑战时坚持不懈。

再次，户外运动还有助于维持和建立人际关系。在户外运动中，我们可以结识志同道合的朋友，一起分享运动的乐趣和经验。通过团队合作和互助，建立起深厚的友谊和信任，拓展自己的社交圈子。同时，户外运动

也是亲人和朋友之间增进感情的好机会——可以一起度过愉快的时光，增进彼此的了解和亲密。

最后，户外运动还能够培养环保意识和责任感。在大自然中进行运动时，我们会亲身体验到自然环境的美丽和脆弱。通过户外运动，我们会更加关注环境保护问题，积极参与到环保行动中，为保护地球家园贡献自己的力量。

所以，第十八个好习惯，就让我们一起抽空去户外深吸一口气，脖子扭扭，屁股扭扭，拥抱大自然吧。

好习惯小贴士

1. 游泳

全身运动，增强心肺功能，提高身体协调性。

2. 自行车骑行

提高平衡能力，锻炼腿部肌肉。

3. 羽毛球／网球

锻炼手眼协调能力和灵活性。

善于学习
事半功倍

好的习惯不仅能让我们健康生活,还能提升我们的学习效率和考试成绩。比如,我们要意识到学习是一件长期的事,要勤做笔记、借助工具、准备错题本、定期复习和培养专注力。只要我们养成了这些好习惯,就一定能感受到学习的乐趣。

学习是一件长期的事

学习是一件长期的事，所以慢一点儿没关系，缓慢进步也是进步。

　　我知道，学习是一件特别痛苦的事，不仅你会这么觉得，我也认为如此。

　　但是，只要一想起学习可以给我带来的好处，我还是会去乖乖学习。而且，学习是一件长期的事，正因为长期，所以更要养成一个好的学习习惯。养成习惯的前期可能会困难一点儿，但一旦习惯养成了，学习就是一件轻车熟路的事。

为什么学习是一件长期的事?

学习不仅仅是在学校接受教育,更是在生活中不断积累知识和经验。无论是通过阅读书籍、参加课外辅导班、与他人交流还是实践操作,我们都在学习新的技能和知识。

学习的重要性相信你已经听了不少,它不仅能够帮助我们更好地理解世界,还能够提升我们的思维能力和创造力。通过学习,可以拓宽视野,增加见识,提高自己的综合素质。还能够帮助我们适应不断变化的社会环境,为以后的职业发展打下坚实的基础。

然而,学习并不是一蹴而就的事情。它需要持之以恒地付出努力和时间。学习的过程中可能会遇到困难和挫折,但只要坚持不懈地克服这些困难,就能够取得真正的进步。学习也需要有明确的目标和计划,这样才能够更有针对性地进行学习和提升。

所以,第十九个好习惯,就让我们从学习开始。哪怕每天学习一点点,日积月累,也能成为一个很聪明,也很厉害的人!

习惯小故事

一天,老师在课堂上讲述了一个关于成长和学习的故事,他说:"学习就像种下一棵树,需要时间和耐心来培育,才能看到它慢慢长大,结出果实。"

　　小志被这个故事深深吸引，但他还是不太明白其中的道理。放学后，他决定去问爷爷，因为爷爷的花园里种满了各种各样的植物。

　　来到爷爷的花园，小志看到爷爷正在给一棵小树浇水。他问爷爷："爷爷，老师说学习就像种树，这是什么意思呢？"

　　爷爷指着那棵小树说："小志，你看这棵树，我种下它的时候，它只是一棵小小的树苗。我每天给它浇水、施肥，慢慢地，它就长成了现在这样。学习也是一样，需要你每天去积累知识，不断努力，才能收获智慧的果实。"

　　小志恍然大悟，他开始明白学习是一个长期的过程，需要耐心和坚持。从那天起，他开始更加认真地对待学习，不再因为一时的困难或乏味而放弃学习。

　　随着时间的推移，小志逐渐在学习上取得了进步。他发现，每当解决

一个难题或掌握了新知识时，都会感到快乐并有一种成就感。他开始享受学习的过程，而不只是期待结果。

小志的爸爸妈妈看到他的变化，非常高兴。他们告诉小志："学习不仅仅是为了考试，还是为了让你能够更好地理解这个世界，成为一个有知识、有智慧的人。"

最终，小志在学校取得了优异成绩的同时，还养成了持续学习的习惯，对知识充满了渴望和热爱。

好习惯小贴士

1. 分阶段学习

将大目标分解为小目标，逐步完成，这样可以减少压力并增加成就感。

先将目标进行拆分。

2. 多样化学习方法

使用不同的学习方式，如阅读、观看教育视频、参与讨论和实践操作。

好奇心是探索知识的根源。

3. 保持好奇心

对世界保持好奇，不断探索新知识和新技能。

好记性不如"烂笔头"

你的记忆力是不是特别好呢？你会不会引以为傲？

我知道，小朋友们的记忆力普遍都很好，但你可千万别洋洋得意。

好记性当然很重要，因为在学习过程中需要记住许多知识点和信息。然而，有时候即使记忆力再好，也难免会出现遗忘或混淆的情况。这时候，"烂笔头"就显得尤为重要了。

首先，"烂笔头"可以帮助我们记录重要的信息。无论是课堂上的讲解、老师的板书还是自己的思考，都可以用笔记的形式记录下来。这样，即使以后忘记了某个知识点，也可以通过查看笔记回忆起来。如果只依靠记忆，一旦忘记就很难再想起来。

很多时候，我比脑子管用多了。

其次，"烂笔头"可以帮助我们整理思维。在学习过程中，有时候会遇到复杂的问题或者需要理解的概念。通过记笔记，可以更好地梳理思路，将复杂的问题分解成简单的步骤，从而更容易理解和掌握。而且，写下来的过程也可以加深对知识的理解，帮助记忆。

再次，"烂笔头"还可以培养观察力和注意力。在写笔记的过程中，需要仔细观察老师的动作、表情和语言，以便准确地记录下来。这样可以提高注意力和观察力，更加专注于学习。

最后，"烂笔头"还可以帮助我们培养良好的学习习惯。通过记笔记，我们可以养成主动学习、主动思考的习惯，不再完全依赖老师和教材。这样可以培养我们的自主学习能力，提高学习效果。

所以，第二十个好习惯的养成，就让我们先准备一个精美的笔记本吧。

习惯小故事

一天，老师在课堂上宣布，下周将有一次重要的测验，涵盖本学期到目前为止学过的所有内容。小明心想：我记性这么好，不用太担心，到时候再复习一下就可以了。

然而，随着时间的推移，小明忙于各种活动和游戏，他没有抽出时间去复习。他总是想：没关系，我的记性很好，只要看一遍就记住了，考试都是小事。

终于，测验的前一天到了，小明这才放下了游戏与玩耍，打算认真复习，却发现自己已经忘记了很多学过的内容。他开始感到焦虑和不安，因为他意识到自己当初过于依赖记性，而没有记笔记，更没有及时复习巩固。

第二天，测验开始了，小明发现自己很多题目都答不上来。测验结束后，他感到非常沮丧，老师看到了他失落的样子，走过来询问情况，在得知了事情的真相后，语重心长地对小明说："小明，好记性不如'烂笔头'。记性再好，也不如及时记录和复习。"

小明听了老师的话，深感惭愧。他意识到，即使记性再好，也不能取代书写和复习的过程。于是，他开始改变学习习惯，每次学完新知识后，

都会认真做笔记，并且定期复习。

几周后，学校又有一次测验。这次，小明因为做了充足的准备，不仅顺利地完成了所有题目，还取得了优异的成绩。他高兴地对老师说："老师，您说得对，好记性真的不如'烂笔头'。"

好习惯小贴士

这样就清晰多啦！

1. 使用标题和子标题

学会使用标题和子标题来组织笔记，使信息结构化。

2. 缩写和符号

学会使用缩写和符号来提高记笔记的速度。

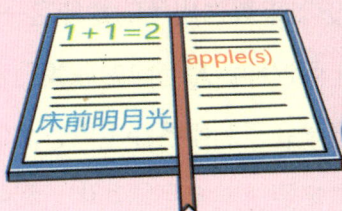

3. 关键点突出

学会识别和记录关键信息，而不是试图记录下每一个细节。

君子善假于物也

因为你没有使用好工具呀。

我明明很努力学习了，为什么成绩就是上不去呢？

你可能知道，我们人类是这个星球上有史以来最为出色的物种之一，因为我们拥有其他物种所没有的智慧与能力。但这种智慧与能力在我们人类史的早期并不显著，后来，我们的祖先慢慢学会了利用各种工具，比如制作武器以抵御猛兽的袭击、用火烤食物让食物更加美味与易消化，利用水的力量来转动简易的风车等。

我国古代伟大的思想家荀子曾说："君子生非异也，善假于物也。"

意思是说，聪明有能耐的人和普通人的区别并不大，只不过他们更善于利用工具罢了。

在生活中，有很多东西都可以成为学习和成长的帮手，工具可以让我们的学习更加高效和方便。比如，当我们需要写字的时候，如果没有笔和纸，就无法记录下自己的想法和知识。而有了这些工具，就可以轻松地写下文字，保存下来供以后参考。

这可比我自己锄草方便多啦!

在学习过程中，有时候需要使用一些特殊的工具来帮助理解和掌握知识。比如，当学习数学时，可以使用计算器来快速计算答案；当学习音乐时，可以使用乐器来演奏美妙的旋律。

在娱乐和休闲的时候，可以利用各种工具来创造乐趣。比如，可以玩各种游戏、听音乐、看电影等，这些都是通过工具来实现的。

你手上的这本书，甚至你平时玩的手机，其实都是工具，都能帮助你提升学习效率。当然，手机的使用方式要正确，否则就起不到这个作用了。

所以，第二十一个好习惯，让我们先从利用工具开始。你可以带着自己的问题来看这本书，并寻找答案，这样，你就充分使用了一次工具。

　　小智在学校学到了"君子善假于物也"的道理，意思是聪明的人会善于利用周围的资源和工具来帮助自己。但他总觉得自己已经足够聪明，不需要依赖外物。

　　一天，小智所在的学校举办了一年一度的建造大赛，要求小朋友们用各种材料和工具建造一个小房子。小智决定参加，他想凭借自己的双手和智慧来赢得比赛。

　　比赛开始了，小智看到其他小朋友都在使用各种工具，如锤子、锯子和尺子，但他坚持只用自己的双手。不久，小智发现用手建造房子既慢又困难，他的进度远远落后于其他小朋友。

　　小智的爸爸看到了他的困扰，走过来对他说："小智，记得你学过的

用锯子锯木头要比用手折快多了。所以，你也要善用工具。

'君子善假于物也'吗？使用合适的工具可以帮你更高效地完成任务。"

小智听了爸爸的话，开始尝试使用工具。他发现，用锯子锯木头比用手折快得多，用锤子钉钉子也比用手按要牢固。慢慢地，小智的小房子开始成形，而且建造得既快又好。

比赛结束时，虽然小智没有赢得第一名，但他的小房子看起来还算美观。他学到了一个宝贵的经验：即使再聪明的人，也需要善于利用周围的资源和工具。

小智高兴地对爸爸说："爸爸，我现在明白了，善用工具可以让我做得更好，我以后会更加注意利用我所拥有的资源。"

好习惯小贴士

我可以用来学习，别总是拿我玩游戏！

1. 教育玩具

拼图、积木可以提高动手能力和空间思维能力。

2. 有声读物、互动故事书

提供互动元素，增加阅读的趣味性。

3. 手机和平板电脑

手机和平板电脑也可以是学习的工具，要善于利用。

整理错题，不在同一个地方翻车

来，准备一本错题本吧。

唉，上次错的这次又错了。

你有错题本吗？

如果有的话，那我就要恭喜你了，因为你已经有了一个学习的好习惯。如果没有的话，那么现在准备起来也不晚。

你可能会很疑惑，为什么要有一个错题本呢？

首先，整理错题本可以帮助我们发现和纠正自己的错误。在学习过程中，我们难免会犯一些错误，但是只有通过整理和分析这些错误，才能更好地理解和掌握知识。整理错题本可以让我们回顾自己的错误，思考为什么会犯这样的错误，并且找到正确的解题思路。这样可以避免再次犯同样的错误，提高学习效果。

其次，整理错题本还可以帮助我们建立良好的学习习惯。整理错题本需要一定的时间和精力，需要养成定期整理的习惯。这样不仅可以让我们更好地管理自己的学习进度，还可以培养自律性和时间管理能力。整理错题本还可以让我们学会分类和归纳知识，这对于学习和记忆都是非常有帮助的。

最后，整理错题本可以增强信心和动力。当我看到自己的错题本逐渐变薄时，会感到自己的努力得到了回报，从而增强自信心。同时，整理错题本也可以让我们更加清晰地看到自己的进步和成就，激发努力学习的动力。

所以，第二十二个好习惯，就从准备一个自己喜欢的错题本开始吧。

习惯小故事

小轩是个勤奋好学的孩子，但他看上去有点"没心没肺"，因为他每次遇到难题或犯错时，总是得过且过，忘记总结经验，结果常常在同一个地方反复犯错。

一次数学测验后，小轩发现自己在几个相似的题目上丢了分。老师在

评讲试卷时指出，这些题目都是基于同一个概念，只是变换了形式。小轩感到很沮丧，因为他知道自己在这些题目上已经错了好几次。

老师注意到了小轩的失落，便把他叫到一旁，对他说："小轩，我注意到你经常在同一个地方犯错，你知道吗？整理错题是提高学习效率的好方法。通过总结在哪些地方出错，可以避免将来再犯同样的错误。"

小轩听了老师的话，决定开始整理自己的错题。他找来一个笔记本，专门用来记录自己在各科考试和作业中遇到的难题和犯的错误。

每当小轩遇到错题，他不再急于翻过那一页，而是认真分析原因，是概念理解不清晰，还是计算失误，或是粗心大意。他把这些错题和正确的解题思路都记录在错题本上，并在空闲时不断复习。

几周后，学校举行了一次模拟考试。这次，小轩在数学科目中表现得非常出色，之前常错的那些题型他都做对了。他高兴地发现，通过整理错题，自己不仅加深了对知识点的理解，还提高了解题能力。

老师在班上表扬了小轩，并告诉所有同学："整理错题，不在同一个地方翻车，是学习中非常重要的一环。它可以帮助我们清晰地认识自己的不足，并加以改进。"

好习惯小贴士

1. 制作错题卡片

将每道错题制作成卡片，方便随时抽取复习。

我来进行一下改编。

2. 数字化管理

使用电子设备和 App 记录错题，便于搜索、整理和统计。

3. 错题改编

在理解了错题之后，尝试对题目进行改编，创造新的类似问题来测试自己是否已经完全理解。

定期复习，温故才能知新

让我猜猜看，你肯定不喜欢复习，也没有复习的习惯，就和当时的我一样。然而，自从我意识到复习的好处后，就算再不情愿，我也会逼着自己去复习。刚开始我很不习惯，但后来，这已经成了我每隔一段时间就必须要做的一件事，已经像空气一样融入我的学习与生活中。

学习就像是一次神奇的寻宝之旅。在这个旅途中，会遇到许多有趣的事物和知识。但是，如果只是匆匆忙忙地走过去，没有停下来好好地看一看、想一想，那么这些宝贵的知识和经验就会像沙子一样从手指间溜走。

首先，定期复习可以帮助我们巩固记忆。当我们学习新知识时，大脑会像照相机一样把它们记录下来。但是，这些记忆并不会永远保存在那里，它们会随着时间的推移而逐渐模糊。通过定期复习，像是给照片上色一样，让这些记忆更加鲜明和持久。这样，当需要用到这些知识时，就可以轻松地从大脑的记忆库里找到它们。

哎呀，我怎么忘记了。

其次，定期复习可以帮助我们发现和纠正错误。在学习过程中，难免会犯一些小错误，比如拼写错误、计算错误等。如果不及时复习，这些错误就会一直存在，甚至会影响以后的学习。通过定期复习，可以像侦探一样发现这些错误，并及时纠正它们，确保学习之路越走越顺畅。

最后，定期复习还可以帮助我们建立知识之间的联系。学习不是孤立的，每个知识点之间都有着千丝万缕的联系。通过定期复习，可以像搭建积木一样，将这些知识点连接起来，形成一个完整的知识体系。这样，在解决问题时就可以从多个角度思考，找到更好的解决方案。

好啦，第二十三个好习惯就从复习开始吧。刚好这本书也即将进入尾声，在看完这本书后，你也可以复习一遍，将看到的有意思且有收获的内容讲给爸爸妈妈和同学们听，你一定会在他们眼里变得更酷一点儿。

习惯小故事

小慧是一个活力四射的小女孩儿，她对什么都充满兴趣，但往往都是"三分钟热度"。

每当老师讲授新课时，小慧总是听得津津有味，积极回答问题。然而，当老师提醒同学们要复习旧课时，小慧总是想：那些我已经学过了，不用再看了。

一次，学校举行了一次涵盖整个学期学习内容的考试。小慧信心满满地走进考场，但当她开始答题时，却发现很多之前学过的知识变得模糊不清。考试结束后，小慧的成绩并不理想，这让她感到非常沮丧。

小慧的妈妈是一位教师，她注意到了女儿的情绪变化。在了解情况后，妈妈对小慧说："小慧，学习就像种树，新知识是树的枝叶，而旧知识是树的根基。只有不断巩固根基，枝叶才能茂盛。"

小慧听了妈妈的话，痛定思痛，决定制订一个复习计划，每周都抽出

时间来复习旧知识。

在复习旧知识时，小慧不仅重新记忆，还会尝试从新的角度去理解和思考，这样往往能够帮助她获得更深刻的认识。

几个月后，学校再次举行了一次综合性考试。这一次，小慧因为进行了充分的复习，不仅对旧知识掌握得更加牢固，还对新知识有了更深入的理解。她的成绩有了显著提高，老师和同学们都对她的进步表示赞赏。

小慧高兴地对妈妈说："妈妈，我现在明白了，温故真的能知新。定期复习不仅让我巩固了旧知识，还帮助我对新知识有了更深的理解。"

好习惯小贴士

1.分块学习

将学习内容分成小块，一次专注于一个主题或概念，避免信息过载。

> 今天先复习语文，不要太多。

> 让我想想我都学到了什么？

2.使用错题本

回顾错题本，重点复习之前错过的题目和概念。

3.主动回忆

在复习后，尝试不看资料回忆所学内容，检测记忆效果。

培养专注，三心二意要不得

你写作业能不能专心点！

你的专注力是不是有些薄弱呢？是不是经常一件事还没做完就去做另一件事呢？如果是的话，现在可能不会觉得有什么问题，但随着你不断长大，学到的知识不断增多，你就会越来越吃力。

你知道吗？培养专注力是提升个人效率和成就的关键！就像玩游戏一样，只有集中注意力才能玩得更好。如果同时玩好几个游戏，就会让我们分心，降低玩游戏的效率和质量。

专注力对个人发展非常重要。它能帮助我们深入理解问题，提高解决问题的能力。就像我们在学习新知识一样，只有专注于一件事情，我们的大脑才能更有效地处理信息，从而提高学习效率和记忆力。此外，专注还能减少学习压力，因为我们可以更快地完成任务，有更多的时间来玩耍和享受生活。

相反，如果我们试图同时做很多事情，注意力就会被分散，导致每件事情都无法做好、错误增加、学习效率下降，甚至可能错过重要的细节。长此以往，这种生活方式可能会对我们的心理健康产生负面影响，如焦虑、压力和疲劳。

为了培养专注力，可以采取一些有效的方法。比如，设定明确的目标和优先级。就像我们在玩游戏一样，当我们知道自己要做什么，以及哪些任务最重要时，更容易集中注意力。再比如，创造一个有利于专注的环境。

专注

这意味着减少干扰，比如，可以选择在一个相对安静的环境中学习和看书，同时将手机放得远远的，以免影响到我们。还可以练习冥想和深呼吸等放松技巧，这些也有助于提高专注力。

所以，最后一个好习惯，就是培养我们的专注力。这可是非常重要的，我们也想未来的自己能够成为一个很厉害的人吧！

好习惯小贴士

接下来我不烦你，你也别烦我！

1. 创造良好的环境

在一个安静、整洁且舒适的环境中生活或学习。

2. 一次只做一件事

避免同时做多件事，专注于当前的任务。

3. 记录和反思

记录自己在不同模式下的专注时间，反思哪些方法有效，哪些需要改进。